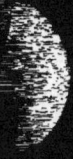

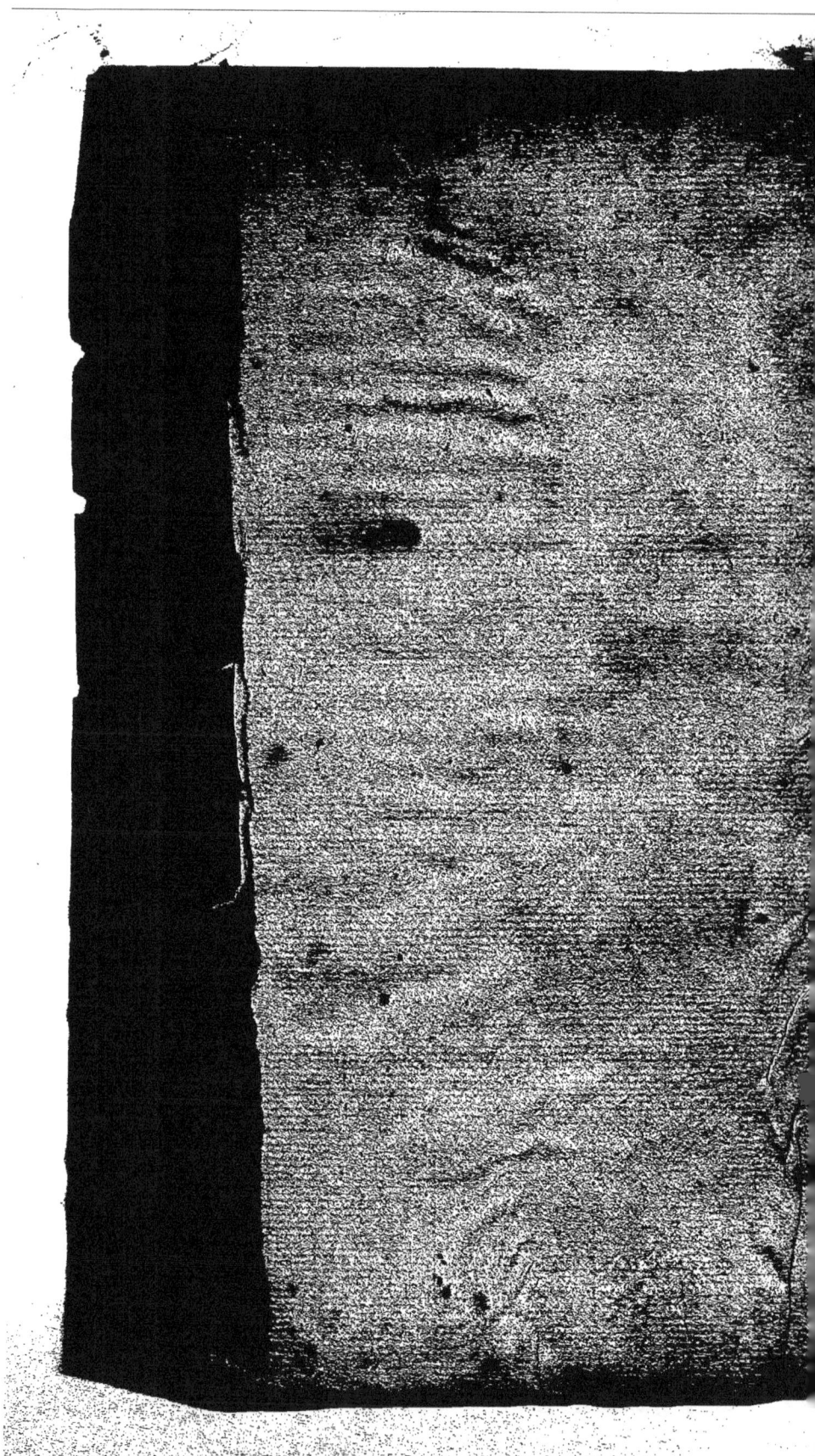

NOUVEAU
SYSTÈME DU MONDE,

AU MOYEN DE LA ROTATION DIURNE DE LA TERRE, D'UNE INCLI-
NAISON PÉRIODIQUE DE 23 DEGRÉS EN TROIS MOIS DE SON PÔLE
BORÉAL SUR LE MÉRIDIEN ORIENTAL, ET DE LA RÉVOLUTION
CIRCULAIRE ANNUELLE DU SOLEIL AUTOUR DE L'ÉQUATEUR DE
CETTE PLANÈTE;

ET

HYPOTHÈSES

CONFORMES AUX EXPÉRIENCES

SUR LES VENTS, SUR LA LUMIÈRE ET SUR LE
FLUIDE ELECTRO-MAGNÉTIQUE.

PAR DEMONVILLE.

✦❁❂❁✦

A PARIS,

CHEZ DEMONVILLE ET BACQUENOIS,

IMPRIMEURS-LIBRAIRES, RUE CHRISTINE N° 2.

JUIN 1830.

IMPRIMERIE DE DEMONVILLE,
rue Christine n° 2.

AVANT-PROPOS.

S'IL n'y avait à reprocher au système du monde actuellement en vogue aucune invraisemblance, on pourrait trouver inconvenant d'en voir publier un nouveau par un homme étranger aux sciences mathématiques. Il n'en est pas ainsi : de tout temps Copernic a eu de nombreux contradicteurs ; et, sans remonter bien haut, Monsieur L. S. Lemercier ; de l'Institut, au milieu de 3oo pages (1) d'attaque$_s$ les plus caustiques, a présenté, contre les idée s astronomiques généralement admises, une masse de solides objections. Mon but n'est pas le sien. Je ne veux pas faire la guerre au système actuel, pour le seul plaisir d'attaquer ceux qui le soutiennent et le propagent, je viens seulement en proposer un autre : plus simple, ce qui milite en sa faveur; plus conforme à l'Ecriture

---

(1) De l'Impossibilité du Système astronomique de Copernic et de Newton. *Paris*, 18o6, chez *Dentu*.

Sainte, ce qui est décisif en cette occasion ; moins contraire aux apparences qui ne trompent guère ; et dont quelques développemens successifs feraient disparaître, je pense, les anomalies qu'un premier regard croirait y apercevoir.

Loin de vouloir guerroyer contre la vraie science, je viens avec déférence dire aux Savans, l'illustration de ce royaume, les Ampere, Arago, Biot, Bouvard, Fresnel, Lacroix, Legendre, etc. : vos longs travaux, la sagesse de vos observations, votre circonspection à juger les faits, et votre constance assidue à multiplier les expériences, m'ont communiqué, en peu de temps, quelque faible partie de votre profond savoir. Je vous la rends comme étant vôtre : c'est à vous de juger vous-mêmes votre ouvrage, et d'en tirer le parti que vous croirez convenable.

Je cherche donc à établir, par les diverses questions que je soumets aux membres des Académies savantes :

1º. Que les systèmes des corps célestes sont tous par plans parallèles et non sphériques.

2º Que la terre est centre du système appelé solaire; qu'elle tourne sur elle-même d'occident en orient, et qu'elle incline périodiquement tous les trois mois son pôle boréal, de 23 degrés et demi sur le méridien oriental; inclinaison qui, combinée avec la révolution circulaire du soleil autour de l'équateur terrestre, remplace parfaitement le cercle écliptique, place la terre, dans les différens mois de l'année, sous les mêmes différens points du ciel qu'elle semblait visiter dans sa marche annuelle, et procure les inégalités de saisons d'une manière plus régulière et plus naturelle; puisque notre hémisphère boréale se trouve alors plus rapprochée du soleil en été, et plus éloignée en hiver; ce qui est le contraire dans le système de Copernic, et ce que tout le monde signale pour une de ses invraisemblances.

3º Que le soleil tourne de l'est à l'ouest

autour de la terre, parallèlement à son équateur, en 365 jours, sur un plan circulaire et non elliptique.

4° Que la lune accomplit sa révolution mensuelle de vingt-sept jours et demi autour de la terre, sur le même plan circulaire parallèle à l'équateur, de l'ouest à l'est ; que de la proportion de l'orbite lunaire à l'orbite solaire, il résulte que le soleil n'est qu'à 500,000 lieues de la terre, au lieu de trente-quatre millions, et que son globe ne ferait que la huitième partie du nôtre, au lieu d'être treize cent mille fois plus considérable.

A l'égard du mouvement imprimé dès la création au fluide lumineux, de l'est à l'ouest, et de la ligne invariable et fixe, s'étendant à l'infini, séparant des abîmes méridionaux les cieux supérieurs, et coupant les planètes de notre système à leur cercle équatorial, je les donne comme des hypothèses ; mais si ces hypothèses révèlent, d'une manière satisfaisante, la cause des vents, et concordent parfaitement avec les phénomènes du son, de la lumière et de l'électricité ; si elles expliquent les caprices apparens de la lune à nous donner et retirer sa lumière, elles doivent avoir d'autant plus de poids aux yeux des gens instruits, qu'elles sont l'interprétation exacte de la parole de Dieu sur la création.

Je lance mes idées sans prendre le temps de les appuyer de preuves mathématiques ; je le ferai plus tard, s'il devient à propos ; mais ce qui est parfaitement vrai, a moins besoin de démonstrations éblouissantes que d'une simple exposition. Ces preuves seraient tout au plus convenables pour l'hypothèse qui n'admet les planètes que comme illusions de catoptrique, et celle qui présente la clarté ou l'obscurité des phases de la lune, comme accélération des ondulations lumineuses ou leur coïncidence. Les rapports trigonométriques des mouvemens apparens de Saturne, Jupiter, Mars, Vénus et Mercure, etc., avec les mouvemens réels du Soleil, de la Lune et de la Terre, établiront invinciblement la première ; la seconde sera pareillement prouvée par les rapports des angles d'opposition et de conjonction du soleil et de la lune, avec les 85 parties d'oxigène et 15 d'azote de l'air atmosphérique.

QUESTIONS

À L'ACADÉMIE DES SCIENCES.

I.

Le plan que paraissent parcourir les étoiles
dans le ciel, forme-t-il voûte autour du système appelé solaire qui serait enveloppé de
tous côtés par ce plan comme dans une
sphère; ou ce plan est-il droit, parallèle à l'é-
quateur et s'étendant de tous côtés à l'infini?
Peut-on regarder l'étoile polaire comme le
point milieu et attractif? N'est-il pas raison-
nable d'accorder aux systèmes de corps célestes, qui ne doivent pas avoir de bornes, des
plans parallèles, plutôt que de les renfermer
dans des sphères qui sont nécessairement cir-
conscrites? Un plan sphérique ne peut être
admis avec les lois de l'attraction : car le
point central attire tous les points de la
sphère; et comme tous ces points, même

I

poussés jusqu'à la circonférence, s'attirent entr'eux de la circonférence au centre, ils doivent tous tomber sur ce centre. Tout annonce donc que les corps doivent se mouvoir par orbites circulaires sur des plans *parallèles*. Aussi le seul mouvement vrai reconnu aux étoiles est une petite circonférence *parallèle* à l'écliptique ; l'inclinaison et l'ascension qu'on leur attribue n'étant que le changement de leur position apparente par rapport à nous.

Si le ciel était sphérique, on aurait découvert une étoile immobile, formant nadir de l'étoile polaire : Il n'y a donc pas de ciel austral, et les étoiles qui paraissent plus ou moins méridionales, comme l'œil du *Taureau* et le cœur du *Scorpion*, sont vraiment septentrionales, et, sont points orientaux et occidentaux de l'étoile polaire sur un plan droit.

II.

Le principe ou fluide lumineux, répandu dans l'espace avant la création du soleil, puis que le *fiat lux* (1) est du premier jour, et

---

(1) *Vidit Deus lucem quod esset bona et* DIVISIT *lu-*

que le soleil est l'œuvre du quatrième, serait-il doué d'un *mouvement perpétuel* et
régulier en ligne droite de l'est à l'ouest ;
n'est-ce pas alors une conséquence forcée, que
chaque molécule de ce fluide, conservant une
même position, attire le sud par son pôle
supérieur et le nord par son pôle inférieur ;
puisque sans cette position primordiale et cette
double attraction, le fluide ne suivrait pas
une ligne droite vers l'ouest, même quand il
ne trouve pas d'obstacle, et ne pourrait re-
trouver la route qui lui a été assignée , quand
il en aurait été dérangé ? Ce fluide serait-il
le fluide électrique répandu dans tous les
corps, les rendant plus ou moins poreux, plus
ou moins élastiques, selon la quantité qu'ils
en contiennent, ou selon la raréfaction de
celui qu'ils contiennent : fixe dans les corps

---

cem *à tenebris*. (Genèse, I, 4.) *Cette division* de la lumière et des ténèbres n'est pas pour le moment seulement : c'est un ordre établi par Dieu pour l'éternité
des temps, ainsi que la division des eaux supérieures et
inférieures qu'on verra plus loin. Voilà les deux grandes
lois de la nature, parce qu'elles établissent le mouvement, et le règlent.

solides s'il y est enveloppé de manière à ne présenter que ses pôles d'attraction différente, et à n'offrir par conséquent que peu de prise aux courans électriques, et les rendant plus ou moins lucides selon qu'il y surabonde. Devenant mobile dans ces corps quand les courans, dérangés et comprimés par une cause quelconque, comme le frottement ou la combustion, y trouvent enfin à toucher leur molécule homogène dans leur sens parallèle, et pouvant alors les décomposer. Toujours mobile quand il est surabondant et raréfié comme dans les liquides, parce que, à cause de sa surabondance, il se trouve dans ces corps sur plusieurs faces, et que présentant aux courans la face parallèle, il est emporté et remplacé instantanément par eux ; pouvant même les décomposer si ses corps n'ayant que deux molécules constituantes ne l'enveloppent que légèrement et le laissent alors nécessairement emporter par un courant, comme l'eau décomposée par une suite de décharges électriques, ou par une pile voltaïque, et plus imperceptiblement par les courans ordinaires à sa surface; les décomposant et recomposant d'une manière ins-

tantanée dans les gaz ou fluides permanens,
tels que l'air, quand il y surabonde comme
troisième principe constituant, et que, placé
entre les deux autres, l'un à son pôle boréal
et l'autre à son pôle austral; il présente une
surface tout-à-fait parallèle au courant direct :
d'où il suivrait que la loi, imposée au fluide
lumineux répandu dans l'espace de se diriger
de l'est à l'ouest, emporte nécessairement la
décomposition et recomposition instantanée
de l'air.

III.

. Y aurait-il entre le ciel supérieur et les
abîmes inférieurs une couche parallèle s'é-
tendant de même à l'infini d'un fluide extra-
ordinairement subtil, je dirais presque le
vide, dont chaque molécule aurait la propriété d'attirer son homogène en ligne droite
du nord au midi et du midi au nord, sans
pouvoir être écartée de cette ligne vers le
nord ou vers le midi? Peut-on concevoir
cette propriété en admettant que le fluide
attire à lui d'un côté dans l'étendue le pôle

boréal et est attiré par lui, attire de l'autre
le pôle austral et est attiré par lui, et qu'é-
tant indivisible par sa nature et se trouvant
entre deux forces égales d'attraction, *l'étendue des deux côtés*, ou, si on le conçoit
mieux ainsi, son homogène répandu à l'infini des deux côtés, il est invariablement
fixé sur la ligne où il a été primordialement
placé, ne pouvant se laisser pénétrer qu'en
se condensant sur lui-même et s'écartant des
côtés.

Ce fluide serait-il le même que le fluide
lumineux ou électrique, mais placé horizon-
talement, qui ne pouvant, ainsi qu'il a été
dit, suivre son courant naturel vers l'ouest,
c'est-à-dire au moyen de sa position hori-
zontale, s'élever vers le nord ou descendre
vers le midi, tournerait alors sur lui-même.

Serait-ce sur cette ligne invisible que sont
posées toutes les planètes coupées horizon-
talement à leur équateur (1)? et en raison de

---

(1) *Fiat firmamentum in medio aquarum et dividat
aquas ab aquis; et fecit Deus firmamentum; divisitque
aquas quæ erant sub firmamento ab his quæ erant super
firmamentum.* (GENÈSE , I, 7.)

l'accord de cette hypothèse avec les phénomènes magnétiques, est-il convenable d'ap-
peler cette couche séparant le ciel et les
abîmes, *fluide*, *plan*, ou *ligne aimantée* ?
Ce fluide ainsi fixé ne devrait-il pas avoir
toutes les propriétés du verre, et alors ne
peut-on pas considérer toute l'étendue à l'infini formant le plan de l'équateur comme un
vaste miroir ? A l'appui de cette hypothèse
vient le phénomène de la lumière zodiacale.
M. de la Place n'admet pas que celle-ci soit
due à l'atmosphère du soleil qui n'aurait pas
cette étendue : je me trouverai d'accord avec
lui, en disant qu'elle est la réflexion du disque
solaire atmosphérique sur la ligne aimantée,
au sommet de l'angle que le soleil et l'équateur terrestre forment à l'horizon.

On peut remarquer que les hypothèses du
fluide lumineux et aimanté sont l'application
des phénomènes électriques et magnétiques ;
que les systèmes des vibrations du son et des
ondulations lumineuses concordent parfaitement avec la décomposition et recomposition
instantanée de l'air ; et que la double réflexion et polarisation s'y rattachent tout na-
turellement.

L'aurore boréale paraîtrait due à la rencontre des courans électriques attirés par deux points périœciens de la ligne aimantée.

IV.

La terre partagée en deux hémisphères à son équateur par la ligne aimantée, et tournant sur elle-même en un jour, d'occident en orient, aurait-elle en outre un balancement sur son axe, qui s'inclinerait de 23 degrés $\frac{1}{2}$ vers l'orient en trois mois, et se redresserait dans les trois mois suivans. Son pôle boréal se trouverait-il perpendiculaire au zénith, à l'équinoxe du printemps; descendrait-il de 23 degrés sur le méridien oriental jusqu'au solstice d'été; se redresserait-il jusqu'à l'équinoxe d'automne; s'inclinerait-il de nouveau toujours vers l'orient jusqu'au solstice d'hiver, pour rétrograder encore jusqu'à l'équinoxe du printemps?

Ce balancement combiné avec la révolution circulaire du soleil autour de la terre sur l'équateur, ne donne-t-il pas toutes les saisons?

On pourra me dire peut-être que mon équateur terrestre ne conserve pas de parallélisme :

mais il faut remarquer : 1° que les 23 degrés
d'abaissement du pôle ne font remonter l'équateur que de 12 degrés , et que le centre de la
terre reste à la même place ; 2° je n'admets
pas un ciel sphérique : et les lignes tirées des
étoiles sur l'équateur étant toutes, vu la distance du ciel, presque verticales, quoique hori-
zontales en apparence, un déplacement de
quelques degrés n'est réellement rien; 3° il n'en
est pas d'un globe comme d'une surface plane :
le point de l'équateur que l'inclinaison du
pôle fait remonter redescend aussitôt, et par
la progression de l'inclinaison et par le
mouvement de rotation.

Les observations faites sur le flux et le re-
flux, et surtout celles relatives aux équinoxes,
viennent-elles à l'appui de ce balancement
du pôle terrestre ; et ne serait-ce pas à tort
que l'on attribue à l'attraction combinée du
soleil et de la lune le soulèvement des eaux,
qui serait le déplacement continuel, mais périodique et régulier, de celles de l'équateur
sur la ligne aimantée ?

L'augmentation graduelle de gravité qui
se fait sentir de l'équateur au pôle, ne vient-
elle pas de cette séparation de l'action attrac-

tive de la terre par la ligne aimantée, le globe
terrestre se trouvant avoir deux centres de gravité à ses pôles au lieu d'un à son équateur ?

Dès qu'on accorde la nutation de l'axe terrestre, on peut admettre une inclinaison plus
ou moins forte ; mais quelle puissance fait
incliner le pôle boréal vers l'orient plutôt
que vers l'occident ?

1° Les 30 degrés dont le zodiaque semble
avoir reculé vers l'ouest depuis 20 siècles ,
prouvent que la terre s'est avancée de 30 degrés vers l'étoile polaire, et qu'elle y est par
conséquent attirée. 2° L'attraction de l'étoile
polaire sur un globe en rotation , mais fixé à
son centre, doit déterminer une légère inclinaison du pôle de ce globe vers le côté où
agit son action attractive. 3° La ligne aimantée doit alors agir efficacement sur la
surface méridienne de ce globe qui lui est
inclinée, puisqu'elle s'y trouve presque en
parallélisme, et l'attirer à elle tant qu'il n'y a
pas répulsion ; mais rapprochés de 23 degrés
vers la ligne, les pôles se mettent en répulsion avec elle, et doivent en conséquence
rétrograder. 4° L'attraction solaire suffirait,
au moyen des deux centres de gravité de la

terre à ses pôles, pour maintenir le balancement de 23 degrés.

V.

Le soleil, coupé à son équateur par la ligne
aimantée, formerait-il sa révolution annuelle
circulaire, sans ellipse, autour de l'équateur
de la terre, d'orient en occident, décrivant
ainsi les signes du Capricorne, du Verseau et
des Poissons, pendant les trois mois qu'emploie la terre à rétrograder de 23 degrés de
l'orient au zénith, c'est-à-dire du solstice
d'hiver à l'équinoxe du printemps? décrirait-il
le Bélier, le Taureau et les Gémeaux, pendant
les trois mois que la terre emploie à incliner
son pôle vers l'orient de 23 degrés, c'est-à-
dire de l'équinoxe du printemps au solstice
d'été? parcourrait-il les signes du Cancer,
du Lion, de la Vierge, pendant les trois mois
de rétrogradation de la terre, c'est-à-dire du
solstice de l'été à l'équinoxe d'automne? décrirait-il, enfin, les signes de la Balance, du
Scorpion et du Sagittaire, pendant les trois
mois que la terre emploie à incliner de nouveau son pôle vers l'orient, c'est-à-dire de

l'équinoxe d'automne au solstice d'hiver.
De nouveaux calculs ne prouveraient-ils
pas qu'on ne connaît ni la masse du soleil,
ni sa distance à la terre (1)?

_____

(1) C'est que j'avais déjà fait entrevoir dans les
Tablettes du Clergé, de septembre 1828, sur la nouvelle édition de la Bible de Vence.

« . . . . M. Drach n'a donné autant d'étendue
à cette note, qu'afin de ne pas tronquer la dissertation
de D. Calmet, qui est restée intacte sur ces versets.
Nous aurions désiré qu'on eût usé de la même réserve
à l'égard de celle qui traite de la station du soleil et de
la lune, opérée par Josué. On en a, dit l'éditeur, sup-
primé des passages déduits de systèmes astronomiques,
dont le temps a fait justice. Il est certain que le temps
est un grand maître; ne fera-t-il pas justice aussi des
nouveaux systèmes? On a dépouillé la terre de sa pré-
éminence comme centre, pour la donner au soleil dont
on croit la masse bien autrement énorme. Mais l'homme,
qui a su consolider la transparence de l'air en lames
planes et courbes, placer ces courbes dans des tuyaux
en sens parallèles ou contraires, pour rapprocher ou
éloigner les distances, pour diminuer ou agrandir les
objets, n'aurait-il pas dû s'imaginer que Dieu qui dis-
pose à son gré du vide ou de l'espace, a pu, lui
aussi, envelopper chaque planète d'une couche parti-
culière de transparence dont l'effet est sans doute un
peu plus puissant que le meilleur *flint-glass*. Or, en

Peut-on croire le soleil à la distance fixée
par les calculs astronomiques, lorsqu'une différence de latitude de cinq degrés sur le globe
terrestre suffit pour procurer un changement
notable de température. N'est-il pas plus naturel que l'extrême froid soit le produit de l'éloignement des rayons solaires, et que l'extrême

---

admettant la transparence propre de concavité terrestre avec la transparence propre de convexité des
autres astres et l'énorme biconcave qui peut se trouver
entre chaque planète, où en seront toutes les données
astronomiques de distances et de grandeurs des corps
célestes ; l'effet de cette disposition d'optique ne doit-
il pas être d'éloigner prodigieusement l'image ? Il est
donc possible que nous ayons le soleil tout près de
nous, et que d'un diamètre bien inférieur à celui de la
terre, il puisse, sans trop déroger, tourner autour
d'elle. Tout cela n'est qu'une conjecture qu'il faudrait
approfondir, et nous ne regardons pas comme insou-
tenable, qu'à l'égard de la station du soleil, l'Écriture
n'ait voulu parler à nos sens. Mais rien n'est encore
prouvé ; un système en remplace un autre. Il semble
plus d'accord avec l'état actuel de nos connaissances :
c'est une probabilité. Toutefois, une probabilité plus
grande lui manquera toujours : *Être conforme à la
lettre de la parole de Dieu.*

chaleur soit celui de leur rapprochement,
plutôt que de supposer l'inverse par un système hypothétique d'obliquité ou de perpen-
dicularité de rayons, comme si toutes les
lignes, partant directement du même centre,
n'étaient pas perpendiculaires à ce centre, et
pouvaient avoir entre elles d'autre différence
que leur plus grand ou leur plus petit pro-
longement? Les rayons arrivés oblique-
ment à la terre n'en partent pas moins directement du centre du soleil, et ne sont pas
moins perpendiculaires à ce point central,
que ceux qui s'échappent de tous côtés; leur
différence de propriété ne peut donc changer
que par la différence de leur longueur.

Les mouvemens de rotation de la terre et
de révolution du soleil étant contraires,
n'est-il pas naturel que ces mouvemens aug-
mentent ou se ralentissent en proportion de
l'éloignement ou du rapprochement de ces
deux astres? Cela explique-t-il pourquoi le
mouvement du soleil est à son maximum de
vitesse au solstice d'hiver, *son véritable apogée?* Il faut considérer aussi que, du milieu
de l'équinoxe d'automne à l'équinoxe du printemps, la marche du soleil concorde parfaite-

ment avec le mouvement d'inclinaison du pôle austral, sans que cet accord soit contre-balancé par l'autre pôle qui reste éloigné. Quant à la diminution apparente du diamètre du soleil au solstice d'été, *son véritable périgée*, remarquons que le pôle de la terre étant rapproché de l'équateur solaire, l'angle que le point visuel forme avec l'arc convexe du soleil est beaucoup moins ouvert que celui de l'apogée, où le pôle boréal est plus éloigné de cet équateur.

VI.

La lune placée entre le soleil et la terre sur la ligne aimantée accomplirait-elle sur ce plan sa révolution mensuelle, circulairement et sans ellipse, par un mouvement de l'ouest à l'est, contraire au mouvement de révolution du soleil et conforme au mouvement de rotation de la terre?

Par sa révolution mensuelle de vingt-sept jours et demi sous le rapport de sa conjonction avec le soleil, la lune n'a pu parcourir qu'environ les onze douzièmes de son orbe réel, c'est-à-dire près de 330 degrés, au lieu de 36o ; parce que , dans ce même temps , le soleil s'avançant en sens opposé , a décrit vingt-sept degrés et demi de son orbite : la lune parcourt donc douze degrés par jour de son orbe , quand le soleil en décrit un du sien ; et si leur mouvement de révolution est le même, comme cela est probable , c'est-à-dire si ces deux planètes décrivent des aires égales en des temps égaux , l'orbe circulaire de la lune se trouverait dans le rapport de un à douze , à l'égard de celui du soleil ; donc si la lune est à 85,ooo lieues de la terre, le soleil en serait à 5oo,ooo lieues , proportion du carré de leur temps périodique avec le cube de leur distance , et non 34 millions , comme on le suppose ; et attendu que *les diamètres apparens* du soleil et de la lune sont à peu près les mêmes , l'on peut dire que , le *diamètre réel* de la lune étant supposé de 6o lieues , le *diamètre réel* du soleil ne serait que de 33o lieues , ce qui diffère beaucoup de 3i5,ooo qu'on lui attribue : le globe solaire , loin d'être un million de fois plus gros que la terre , n'en fait donc que la huitième partie. Or , puisque la lourde masse de la terre avec ses habitans peuvent bien parcourir selon Copernic 600,000 lieues par jour, un globe de feu comme le soleil peut sans inconvénient faire une journée de 9000 lieues.

L'inclinaison du pôle de la terre entraîne le même mouvement de l'axe des autres planètes, et donne raison de l'apparence de leur orbite elliptique. La libration de la lune en latitude peut donc lui être attribuée, aussi bien que l'accroissement et la diminution de son diamètre : ce diamètre, ainsi qu'il est dit pour le soleil, doit s'étendre du moment où la lune se trouve en opposition avec l'inclinaison du pôle de la terre, c'est-à-dire dans ses apogées. L'évection provient de la même cause : la lune suit le mouvement de la terre pour incliner ou redresser son pôle ; et lorsque, aux quadratures, son équateur est oblique, il doit paraître plus grand. Le phénomène de la *lune des moissons* s'explique par la rétrogradation du pôle : la pleine lune arrivant le jour où le pôle est perpendiculaire à l'équateur, l'opposition des deux astres est tout-à-fait semblable le lendemain, puisqu'ils ont marché en sens contraire, et que le pôle a rétrogradé au point où il était la veille ; et la lune des moissons

aura lieu trois jours de suite, si elle a com-
mencé dès la veille du point d'arrêt du pôle.
La même rétrogradation de la terre, aux sols-
tices, est cause de l'augmentation ou de la
diminution si rapide du jour.

VII.

Le principe ou fluide lumineux pourrait-
il recevoir une plus grande intensité, en
raison d'une plus grande accélération de
la décomposition de l'air, et peut-on admettre cette accélération par l'action attractive du soleil de l'orient à l'occident sur
l'oxigène de l'air, et l'action attractive de la
lune sur l'azote, de l'occident à l'orient, puisque ces deux astres font leur révolution en
sens contraire, et qu'il suffit pour cela de
supposer que l'oxigène est la molécule do-
minante du soleil, et l'azote celle de la lune?
On était d'accord d'attribuer à l'attraction
du soleil et de la lune le soulèvement des
eaux, ce qui était aller bien loin; je pense
alors qu'il n'y a pas difficulté de leur accorder une action attractive bien moindre et
bien plus régulière.

Cette hypothèse n'est-elle pas tout-à-fait conforme au système des ondulations lumineuses, chaque décomposition de molécule d'air donnant une nouvelle ondulation; la lumière devenant plus intense selon que les ondulations se suivent plus rapidement en sens direct, la chaleur devenant plus forte selon que les ondulations surabondent plus rapidement en tous sens.

D'ailleurs, comment se fait-il que la lune donne si peu de lumière du dernier quartier au premier quartier de renouvellement, tandis qu'elle jette tant d'éclat du premier au dernier quartier? Si elle empruntait véritablement sa lumière du soleil, ne devrait-elle pas, à part le jour du renouvellement, être graduellement aussi brillante pendant le dernier quartier que pendant les phases de la pleine lune, et dans les phases de la nouvelle lune que pendant le premier quartier, puisque sa position par rapport au soleil et à la terre, y est à peu près la même, sauf l'éloignement, ce qui ne fait rien dans cette occasion? Mais si l'intensité de la lumière provient de l'accélération du mouvement du fluide lumineux, ces phénomènes pourront se concevoir facilement : dans les phases d'opposition, les deux principes de l'air s'échappent en sens opposé, et le fluide lumineux accélère alors régulièrement ses ondulations; tandis que dans les phases de conjonction, quoiqu'il y ait, de fait, accélération de mouvement du fluide lumineux, il y a coïncidence d'ondulations lumineuses dans la même direction, et par conséquent il doit y avoir obscurité du diamètre selon les angles de coïncidence. Les phases de la lune viennent ainsi à l'appui du système des vibrations, et la théorie des interférences donne la théorie des phases de la lune, et même celle des éclipses de cette planète. car, dans les momens d'opposition parfaite, la lune par son attraction dégage 180 degrés d'ondulations lumineuses au moment où le soleil en dégage sur la même ligne 180 autres : or ces ondulations se rencontrent en ordre contraire, et il y a coïncidence ; mais on voit que cette coïncidence cessera, aussitôt que le rapport des 180 degrés sera rompu. C'est encore à la théorie des interférences qu'il faut rapporter les taches du soleil. Leur révolution de 27 jours prouve qu'elles ne sont pas autre chose que la marche des coïncidences lunaires ; n'en n'est-il pas de même du passage de Vénus sur Jupiter ? A l'égard. des éclipses de soleil., je ne prendrais pour véritables. éclipses que les *annulaires*, et je rangerais les autres dans les phénomènes d'interférences. .

L'hypothèse du fluide lumineux donne la théorie des vents de l'est et de l'ouest, de même que l'hypothèse de la ligne aimantée donne celle des vents du nord et du midi : car, la molécule aimantée, fixée sur l'équateur, exerce une action attractive du pôle à la ligne sur 90 degrés du méridien ; mais attendu que la molécule périœcienne exerce la même action, l'attraction serait nulle si la terre, outre sa rotation, n'inclinait pas son pôle ; tandis que de son inclinaison il résulte : que la molécule agissant sur un arc plus allongé d'un côté que de l'autre, l'attraction a lieu du côté où la molécule agit sur l'arc le plus court ; et il y aurait par conséquent, en thèse générale, vent du nord pour la partie de la terre qui se trouve entre l'arc d'inclinaison de la terre et l'équateur, et vent du midi pour la partie de la terre qui se trouve à l'opposé ; c'est-à-dire à cause de la

rotation diurne de la terre, deux vents op-
posés dans le même jour pour les mêmes
pays. Mais d'une part cette action est déviée
par les courans de l'est à l'ouest, d'autre
part, l'action attractive de la ligne aimantée
équatoriale sur le pôle est dans le rapport de
quatre à deux, puisqu'elle s'exerce de toute
une circonférence contre une demi-circon-
férence. Cela explique la violence du vent
du nord. L'hypothèse du fluide lumineux et
de la ligne aimantée rend pareillement
compte des vents alisés et des courans de mer
à l'équateur.

VIII.

Les planètes autres que la terre, le soleil
et la lune existent-elles bien réellement, ou
ne sont-elles que des illusions de catoptrique?

Mercure et Vénus seraient-ils la réflexion
de la lune, l'un sur les glaces boréales et aus-
trales de la terre, l'autre sur la ligne aimantée? Mars, ainsi que Jupiter, seraient-ils la
réflexion du soleil sur la ligne aimantée, à
des angles différens d'incidence. La lune

serait-elle encore, par une réflexion plus
éloignée, le premier satellite de Jupiter qui
trouverait les trois autres par la réflexion
doublée de Mars, Mercure, et Vénus.

Saturne serait-il la réflexion de la terre
qui, par la traînée lumineuse diurne de
son atmosphère, nous fournirait l'anneau,
et dont les vrais et faux satellites nous feraient
trouver les sept satellites de cette fausse
planète?

N'en est-il pas de même des autres planètes, suivant que l'angle d'incidence est
plus ou moins parallèle ou oblique, plus ou
moins allongé?

Cette hypothèse n'est-elle pas facile à vé-
rifier au moyen des calculs déjà faits par les
astronomes sur chacune des planètes?

IX.

Est-il bien vrai que les comètes parcou-
rent l'étendue dans tous les sens; ne paraît-
il pas probable, au contraire, qu'elles ne peuvent descendre du ciel qu'à une certaine
distance de la ligne aimantée qui les repousse;

et que, quelle que soit l'orbite qu'elles décrivent, elles ne peuvent avoir un point de la
ligne aimantée pour foyer de cette orbite.

.....; *Et stellas, et posuit eas in firma-*
mento cœli ut lucerent super terram. (Genèse, I, 16—17.) Ainsi tout autre corps que
la terre, le soleil et la lune est placé dans le
firmament du ciel; si Mercure, Vénus, Mars,
Jupiter et Saturne, etc., existent, il faudrait
que leur révolution se fît au-dessus de la ligne aimantée sur un plan parallèle, par des
épycicles, comme le supposait Ptolémée.

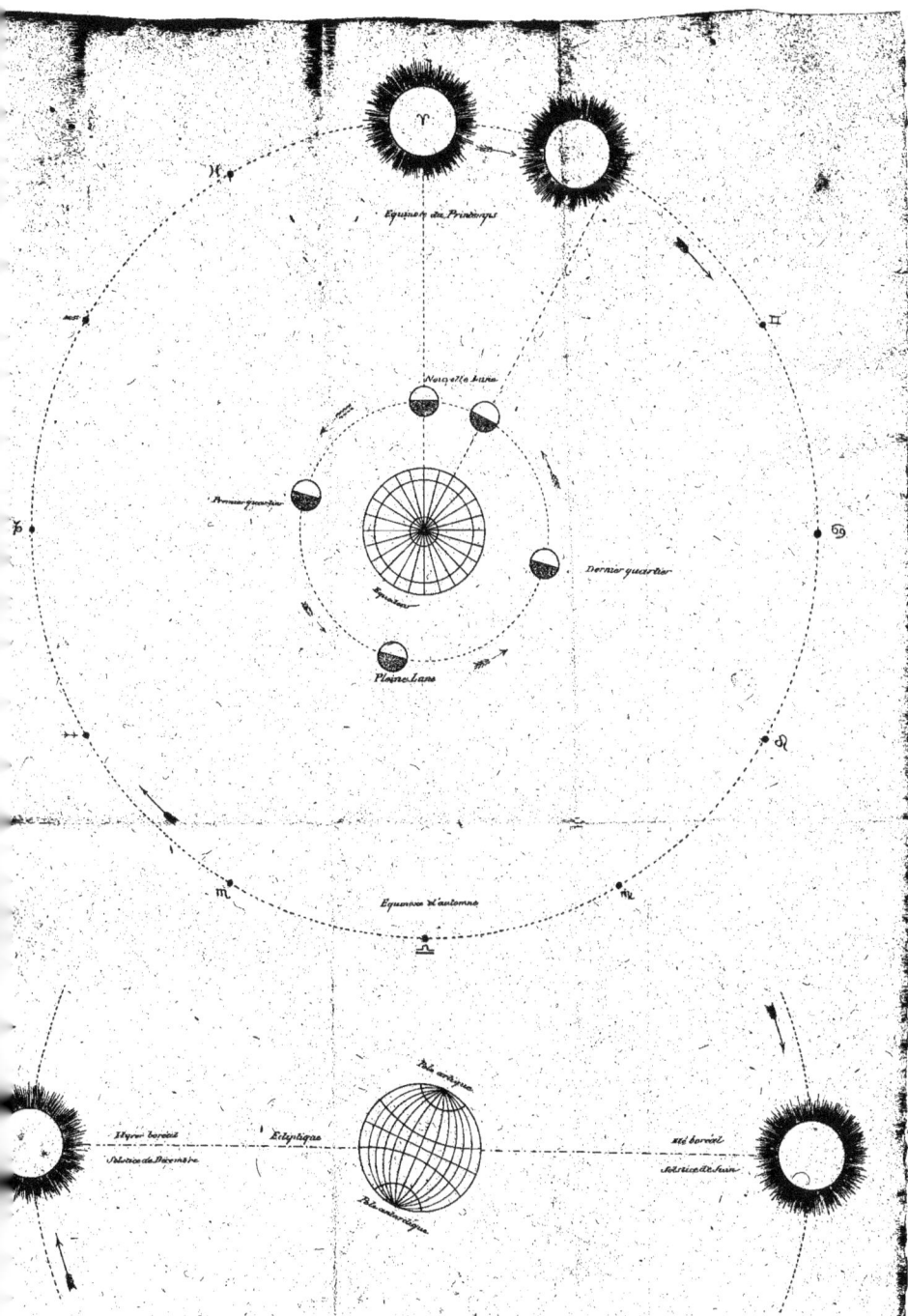

Equinoxe du Printemps

Nouvelle lune

Premier quartier

Dernier quartier

Pleine Lune

Equinoxe d'automne

Pôle arctique

Hiver boréal   Écliptique   Été boréal

Solstice de Décembre   Solstice de Juin

Pôle antarctique

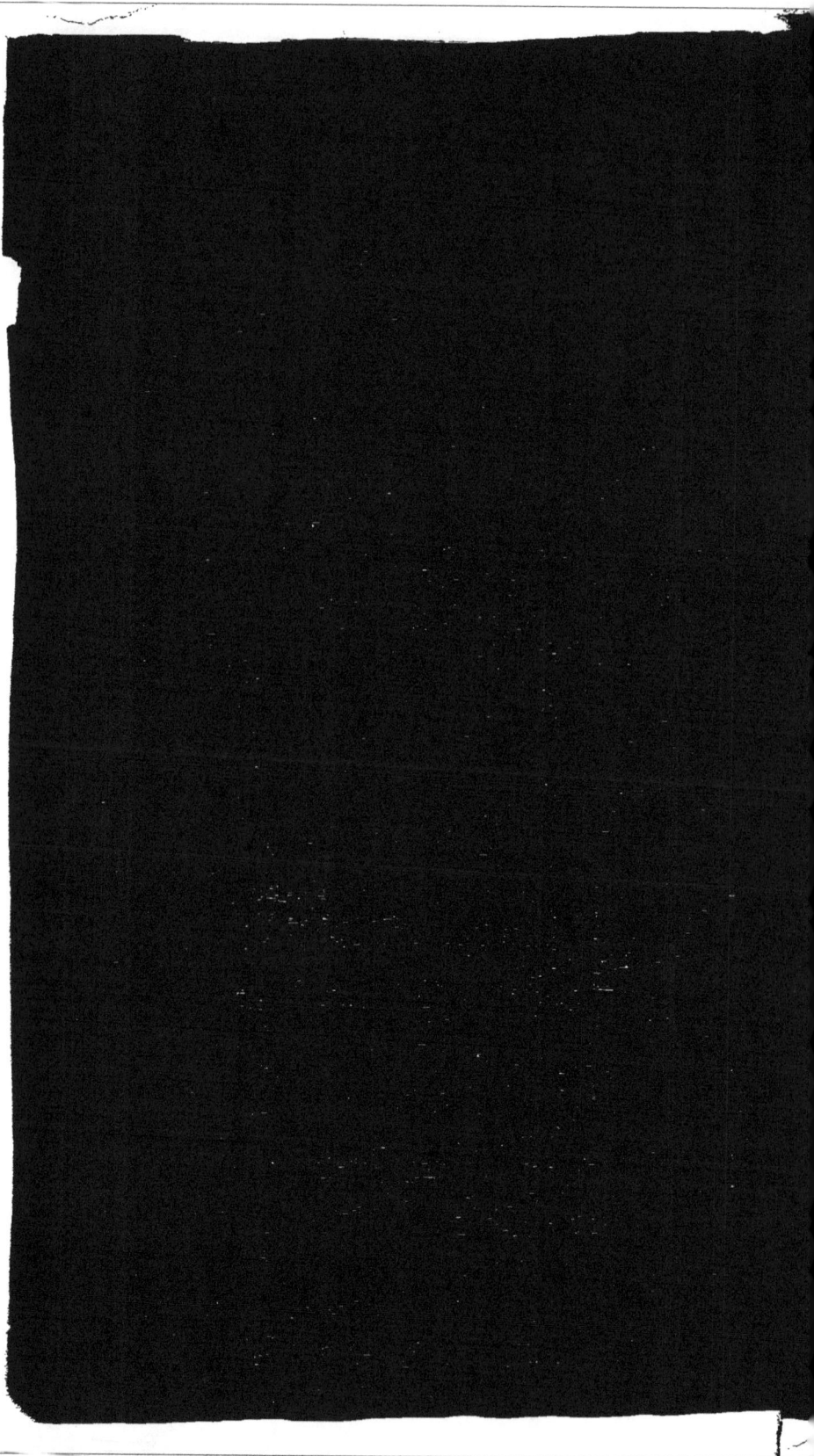